JN083930

わいるどらいふっ!
身近な生きもの観察図鑑

一日一種

2

山と溪谷社

冬 Winter

Column コラム

いっけなーい！ 遅刻遅刻！

まだ肌寒い早春——冬眠から目覚めたヒキガエルは

生まれた池に産卵に向かいます

小動物スロープ

ここからあがれるよー

あがれなーい っは

側溝

ウワー ゴロン

ゼーハー ゼーハー 池までもう少し…

一種 111 の 11-11

ひいいっ

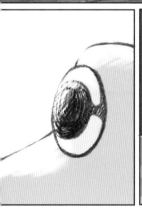

そして
また──

わいるどらいふ
野生生物
いちねん
たちの一年が
はじ
始まります

春 Spring

鳥たちは桜が好き

えっ？

おっサクラが咲いている

おいしいよな〜

エナガ

メジロ

花って食べられるの？

いやいや蜜を吸うのさ

さすがに花は食べないよ

そうだよね

さすがに花は食べないよね

ブチッ
ブチッ

スズメ

ブ

チィ

ソメイヨシノ
バラ科サクラ属
日本で最も代表的な品種のサクラ。日本に数百〜千万本あるとされる。

スズメ
スズメ目スズメ科
クチバシは太くて短い。なので…

蜜吸えぬ…

8

鳥たちは桜が好き

その2

いやいや
蜜を吸ってる
だけデスヨ

このクチバシじゃ
正面から
いけないんで…

蜜

NG!
OK!

ハハ
さすがに花は
食べませんよ～

な～んだ
だよね～

さすがに
花は食べない
よね～

ムシャ
ムシャ

ムシャムシャ!!

ヒヨドリ

ヒヨドリ
スズメ目ヒヨドリ科

いつも花を
むしってるわけじゃ
ないぞ

細長いクチバシ

蜜を吸うのに適している。
でもときどき花びらも
食べちゃう

スズメは花を落とさず
盗蜜することもある

穴をあけて蜜を吸う

9

鳥たちは桜が好き

その3

ソメイヨシノは挿し木や接ぎ木といった分身の術で増やす

枝

同じ遺伝子

全く結実できないわけではなく、遺伝子が異なる他のサクラから受粉すれば実がなる。

にがい

ソメイヨシノのさくらんぼ

Column

サクラに集ういろんな生き物たち

ヒヨドリ
花の蜜を吸ったり、ときには花びらごと食べたりしている

いろんなチョウ
早春に羽化するチョウや成虫越冬するチョウが吸蜜にやってくる

メジロ
舌がブラシ状になっているので、蜜を吸うのに適している

シジュウカラ
スズメのように花をちぎって蜜を吸うことがよくある

コゲラ
たまに蜜を吸うほか、木にやってくる虫を食べている

ミツバチ
早春から活動する昆虫。こちらから刺激しなければ基本的に安全

スズメ
クチバシが太く短いので正面からは蜜が吸えず、花をちぎってなめる

カメラマン
花や花に来る鳥を撮りに来る

とり屋
花に来る鳥を見にやってくる。花より鳥

花見客
たいていの場合は花より団子

メダカの学校

1限目 保健体育

春

都会野小学校

キーンコーン

メダカたちは産卵が始まる時期

はーい

どうぞ

先生、質問です！

ざわっ

どん！

子どもってどうやってできるんでしょうか？

どん！

卵に精子をかけてできあがり

子 完成！

なおメダカは絶滅危惧種

ダツ目メダカ科

日本に野生のメダカは2種
(キタノメダカ・ミナミメダカ)
目が高くふくれるように
でているので「目高」

上から

産卵は♂がヒレで
♀をつかみ、体外受精
で行う

背ビレ

尻ビレ

ヒレの意外な
使いみち

メダカの学校

2限目 道徳

できあがり

きれい・・・
これが私たちの卵なのね
こんな時代だーけど・・・
どうか強く生きてほしい

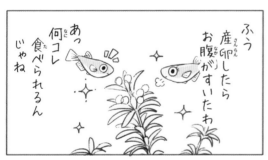

ふう
産卵したらお腹がすいたわ
あっ何コレ食べられるんじゃね

誰だー!?私の大切な子どもたちを食べたのは!?

アンタだよ

もぐもぐ

成魚は卵や稚魚を食べちゃうので、水槽は別々にしてやるとよい

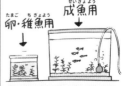

卵・稚魚用
成魚用

えっ!?ウマッ!この卵ウマッ!
コレ何の卵だろ?

パク パク パク パク

なおメダカは絶滅危惧種

メダカの学校

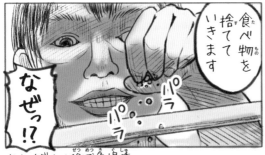

小学5年生の理科

メダカについて、実際に飼育しながら♂・♀の違いや産卵の様子等を観察する

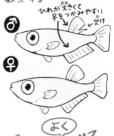

♂ ひれが大きくて♀をつかみやすい ←切れ
♀

テストによくでる
♂と♀のちがい
※ただし使われるメダカはだいたいヒメダカ（品種）

なおメダカは絶滅危惧種

メダカの学校

4限目 歴史

少し昔——

ご先祖さまたちは田んぼや小川にたくさんいました

しかし

時代は変わり——

我々はこの地域最後の生き残りになってしまいました

近い将来・・・また自然の中で暮らせるといいですね〜

もぐもぐ

先生・・・その卵わたしの・・・

テストをかえしまーす

近い将来——

メダカのた□□ 100

農業形態の変化や外来種の影響等により、在来種のクロメダカは絶滅危惧種に。

「メダカの学校」は本種が群れで暮らす様子を学校に例えたもの。

なおメダカは絶滅危惧種・・・今は。

Column

メダカの飼い方

メダカを手に入れよう

・品種のメダカは販売されていて入手しやすい（野外には絶対に放さないようにしよう）

・クロメダカは地域によっては絶滅危惧種。野外からとってくるときは自分の地域の指定状況に注意しよう

よく市場に出回っている品種のヒメダカ

メダカを飼うための準備

エアレーション

ストーンタイプなど水流が弱いものが良い

エサ

市販のものを使う。メダカは口が小さいので大きいエサは指ですりつぶして与えると良い

底床

よく洗った砂利を底にしきつめる

ライト

メダカを産卵させるためには13時間以上／日の日照時間が必要とされる。タイマーで消灯を管理すると楽

水草

メダカの産卵・隠れ場所、酸素の供給源。

浮草タイプもよく産卵する

水温計

産卵には20〜25℃程度の水温が目安
※水温が低ければヒーターを入れる

一緒に飼うと水槽をキレイにしてくれる生き物

タニシ等の巻き貝　　ドジョウ類

2〜3匹程度なら2リットルのペットボトルでも飼うことができる

ケガをしないように切り口にセロハンテープを貼るとよい

※学校などで小グループごとに観察したいときにオススメ

飼うときの注意点

・水槽は水温が上がりすぎないように直射日光が当たらない場所におく

・水槽の水は、汲み置きの水道水やカルキ抜きを入れた水を使う

・水が汚くなったら、半分くらいの量の水をとりかえる（全部替えない）

街なかの巣作りその一 ムクドリ

スズメ目ムクドリ科

ムクノキの実が好きだからムクドリという説も

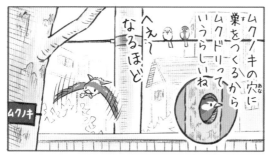

樹洞の代わりに、雨戸の戸袋、排気口などの人工物に巣をつくる。

フンがついていたり巣材が見えたら鳥が使ってるかも

街なかの巣作り その2

スズメ

スズメ目スズメ科

うわー
あんなところに巣をつくるんだ？

なんか縦長になって出てきそうですね

Hi✧

ス・ズ・メ・さーん

あ・ス・キ・ま

好きなんじゃないですか？

はは…私にはちょっと大きすぎる物件ですね

はははっ

樹洞やいろんな人工物のスキ間に巣をつくる

・屋根瓦
・排水口
・雨樋
・換気扇
など

ツバメの巣やスズメバチの巣を使うことも…

では

では

私も育児があるので！

電柱もよく巣をつくるポイントのひとつ

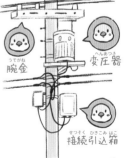

腕金

変圧器

接続引込箱

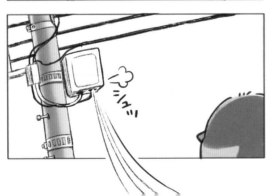

シュッ

街なかの巣作りその3

シジュウカラ

スズメ目シジュウカラ科

ふ〜ん

っていうことがあってさ〜

みんな変なところに巣つくるよね

ピョ ピョ

はいはい

そんなことよりあんた仕事行ってきなさいよ

ハラへった〜! めし〜!

都市部から山地まで、どこでも見られる小鳥

にゅっ

おなかのネクタイ模様が

太い→♂ 細い→♀

樹洞の代わりとして、やはり人工物もよく使う

巣箱

ポスト 〒

やかん

etc、etc…

19

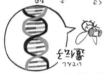

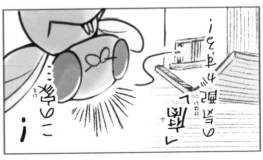

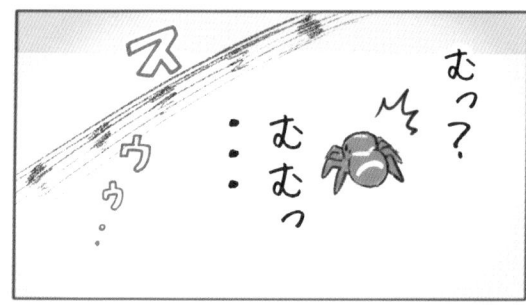

おうちのワイルドライフ その2
ハエトリグモ

クモ目 ハエトリグモ科

アダンソンハエトリ

人家によくいるハエトリ。♂は白い触肢をフリフリしながら徘徊する。

そのほか、人家でよくパトロールをしているハエ警察2種

チャスジハエトリ　ミスジハエトリ

いずれも人間には無害。コバエをとってくれるので益虫ともいえる。

ディスプレイでよく人間に遊ばれる

ぐる　ぐる　ぐる

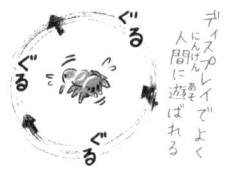

ハエトリグモは
害虫を食べる
益虫だから
大事にしよう

へぇ〜

あっ

ヤモリだ

家の外壁によくいる。
害虫を食べて家を守って
くれることなどから、家守
（ヤモリ）の名がついた。

だから家守

ヤモリも
害虫を食べて
くれるから
ありがたい
生き物
なんだよ

なるほど
大切に
しないとね

守る！

食べてるだけ

イモリと混同されがちだが
爬虫類と両生類なので
全然違う生き物。

おい
益虫が
食われてんぞ

ムシャア!!

宿の家守
おうちの
まわりにいる

井戸の井守
水辺にいる
（両生類）

と覚えるとよい。

22

オス、アリの結婚飛行 その1

ウェ〜イ

オスに生まれてちょーラッキー！じゃ〜ん♪

働かなくてもメシもらえるんだもんな〜

明日は結婚飛行なのに…そんなのん気でいいの？

ちょっと男子チャ〜イ

ヒモ暮らしさ〜ニ〜♪

結婚飛行っていうのはオスがね…

知らないの！？

何すかそれ？

え〜

結婚飛行やべぇ…

メスに生まれたかった…

アリの巣の主な登場虫物

女王アリ

最初はワンオペだが、働きアリが増えると産卵に専念

働きアリ

様々な仕事を担う生殖能力のないメスたち

新女王アリ

新天地を目指し旅立つ次の女王候補たち

オスアリ

結婚飛行のときまでは健康に生きるのが仕事

23　アリの結婚飛行とは…？(→その2につづく)

オス・アリの結婚飛行 その2

結婚飛行——
オスは運良く
交尾できても
力尽きて——

死ぬ

まっしろにな…

スゥッ

交尾に
失敗したオスは
巣に帰ることも
許されず

死ぬ

交尾できても

死 Dead or

できなくても

死 Dead

必死

うおおおおお

やったるぜぇぇ

（注）
天敵も
タい

パ

結婚飛行とは？

お空で行われる大規模な婚活パーティー。種類や地域にもよるが、身近な種は春〜初夏の雨の翌日などによく行われる。

女王は重いので草の上などから飛び立つ

ゾロゾロ

オスアリは死に、交尾した新女王は翅を落とし、すぐに巣作りと産卵を始める

オスは短命だがその精子は女王の受精嚢で数十年も保存され、生き続ける

24

樹洞をめぐる争い その1

樹洞（じゅどう）

樹にできた穴。動物たちのねぐらや巣穴になる。

中型樹洞（ちゅうがたじゅどう）レシピの一例

キツツキが木に穴をあける

↓

木が腐って柔らかくなったところを、ムササビが穴をかじって大きくする

樹洞をめぐる争い その2

フクロウ
※ムササビの天敵

ふう…
なんとか
まいたか

シ…ン

あー
今日は
こわかった

いつもの樹洞で
ゆっくり休もう

ムササビサイズの
樹洞は他の動物たち
にも人気の物件

テン

ハクビシン

アオバズク

フクロウ
(穴大きめ)
…など

樹洞をかじってメンテ
してくれるムササビは
他の樹洞ズにとっても
ありがたい存在

あんたの
ためじゃない
んだからね！

サンクス

26

その3

フンッ
まだ別荘（べっそう）があるもんね

ムササビは複数（ふくすう）の
ねぐらをもっている

今日（きょう）は
ココ！

はいってまーす

ゲッ

ハクビシン

ブッポウソウ

スズメバチ

ギャー

人里（ひとさと）が近（ちか）くにあると
人工物（じんこうぶつ）を使（つか）うことも

屋根裏（やねうら）

戸袋（とぶくろ）

鉄橋（てっきょう）

…など

ムクドリ

はあ？人里（ひとざと）にいい場所（ばしょ）なんてあるはずが…

ニンゲンの里（さと）にいい場所（ばしょ）があるよ

ねぐらがない？

いいかも…

27

戸袋（とぶくろ）…再（ふたた）び

アワフキムシ流 水遁の術

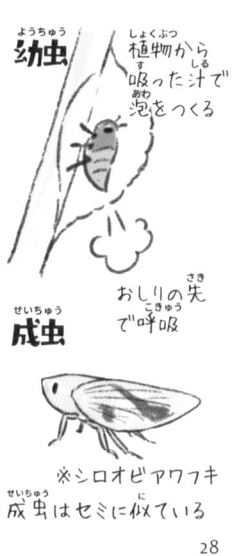

カメムシ目 アワフキムシ科

梅雨頃、草によく泡がついている。

泡は外敵の侵入を防ぐバリアーにもなるし、隠れ場所にもなっている。

幼虫 植物から吸った汁で泡をつくる

成虫 おしりの先で呼吸

※シロオビアワフキ 成虫はセミに似ている

※実際はほとんど水なので不潔なものではありません

日本三鳴鳥の一種

コマドリ

スズメ目ヒタキ科

コマドリの求愛ダンス

尾羽を立てて
頭を下げて
翼は半開き

その場でくるっと回転

くるっ

さすがは「コマドリ」

おぉ〜

わっ

カッコイーステキー

その「コマ」じゃないのだけど…

鳴き声が馬(駒)の「いななき」

ヒヒーン

に似ていることから「駒鳥」となった

山地に生息する夏鳥。
さえずりが美しく
日本三鳴鳥の一種

ヒンカララララ ♪

↓他の三鳴鳥の方々

オオルリ　ウグイス

29

踏まれたい植物 オオバコ

オオバコ科オオバコ属

道ばたで見られる普通種。維管束が丈夫で、踏まれても、簡単にはちぎれない。

オオバコは維管束が丈夫なので人通りが多い場所でも生きていける

おしべ

花びらはなくて地味

踏んでもらえばライバルも減るし靴底に種がくっついて運んでもらえる

2020年 春

踏まれたりない！

もっと...もっと踏んで！

草丈が低いので、ふつうの草むらの中では他の植物に負けてしまう。

にょき 踏んで〜 にょき

しーーーん

誰か...

コロナでみんな自粛中

30

春に聞こえる謎の音 クビキリギス

バッタ目キリギリス科

ジィィイイイ
ジィィイイイイ
何の音？
うるさいなぁ
電柱が壊れてるのかな？
イイイイイイイイ

虫の鳴き声といえば「秋」だが、本種は5〜6月頃に「ジー…」と鳴く。

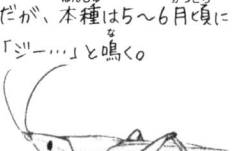

名前は首が切れやすいことから。

ブチッ

翌日

あっバッタだ！
いいなー
パクッ

虫本体を見つけるのは難しく、ほとんどの人は電柱の音が何かだと思っている。

ジィィイイ…
？

しーーーん

今日は静かだね
電柱直ったのかな？

31

エナガ雛

鳥たちの雛祭り その1

スズメ目エナガ科

巣立ったばかりの雛たちはまだ上手く飛び回れない。一列に並んで親からエサをもらう。

通称！
エナガだんご

10羽
ぐらいにもなる！

オトナになってからも夜のねぐら入りではよく団子になる。

むさい…

エナガの動きはアクロバティック

カイツブリ雛（ひな）

カイツブリ目（もく）カイツブリ科（か）

ビチ
ビチ

へイ
ハニー！

ゴハン
とってきたぜ

え〜…
まーた
アメザリー〜？

潜水（せんすい）が得意（とくい）な小型（こがた）の
水鳥（みずどり）。浮巣（うきす）をつくって
子育（こそだ）てをする。

雛（ひな）が小（ちい）さい頃（ころ）は背中（せなか）に

「おんぶ」をして
子育（こそだ）てをする。

カア
カア

敵影確認（てきえいかくにん）！
避難（ひなん）せよ

にゅっ
にゅっ

ラジャー！

33

キジバト雛

ハト目 ハト科

哺乳類の場合

ママー
おなかすいたよ〜
ミルク
ちょーだい

はいはい
おいでボウヤ

ハト流奥義 ピジョンミルク

あなたのミルクは
どこから？

私はノドから

そ嚢
ピジョンミルクを出す。ふだんはエサを一時的にためておく器官

腺胃（前胃）
化学的消化をする

筋胃（砂嚢）
物理的消化をする

ハトの場合

かーちゃん
ぼくも
ハラへった〜
ミルク
くれー

しかたが
ないわね〜
ほらおいで

おっ
ごごごご
おっ

ワイルド
だなぁ...

栄養豊富なこのミルクの
おかげで、ハトは一年中
繁殖できる。ちなみに
オスも出せる。

鳥たちの雛祭り その4

ジュウイチ雛

カッコウ目カッコウ科

ピイィィ

ハイハイ
ゴハンだよ

3羽も
子どもがいろと
いそがしいなー

もっと
もっと
エサとって
こなきゃー

・・・

計画通り

クチバシ(ﾆｾ) ← → クチバシ(ﾆｾ)

翼角がクチバシのように見えます

ジュウイチはカッコウの
仲間で托卵鳥

オオルリやコルリ、
ルリビタキなどに
子育てを押し付ける

あ〜ん

ホントに
オレの子!?

自分より巨大なヒナに
親鳥は健気にエサを
与え続ける・・・

35

巣立ちビナは見守ろう

巣立ち直後の野鳥のヒナは、飛んだり、エサをとったり、敵から逃げたりすることが上手くできません。それらの生きていく術を、まさに親鳥から学んでいる時期なのです。しかしそのような弱々しい巣立ちビナを見ると、多くの人は善意で助けてあげようとします。特に毎年、5〜8月頃の鳥の繁殖期になると、市の環境課や動物園、交番、動物病院などに巣立ちビナが頻繁に運ばれてきてしまいます。しかし、それらのほとんどが、助ける必要のない**誤認救護**です。

産毛が残ることも

尾羽が短い

成鳥より色が薄い

あまりうまく立てない

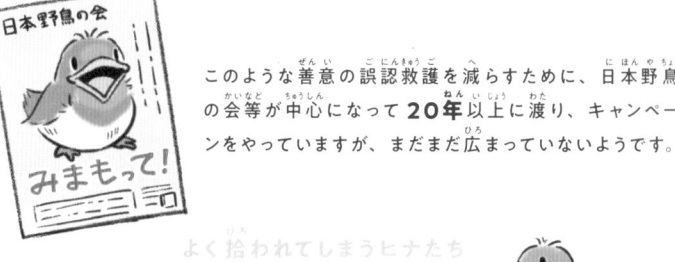

ニンゲンめ
どっかいけ！

助けなきゃ

警戒心が全然ない

ぽ！

カァ！

親はたいてい近くにいる

他の動物に食べられてしまうことも…それも自然の理

日本野鳥の会

みまもって！

このような善意の誤認救護を減らすために、日本野鳥の会等が中心になって**20年**以上に渡り、キャンペーンをやっていますが、まだまだ広まっていないようです。

よく拾われてしまうヒナたち

ツバメ　　　ヒヨドリ　　　ムクドリ　　　シジュウカラ　　　キジバト

今日はいい天気

その1

はぁ〜最近は天気わるいな〜

おーい今日はいい天気だぞ

今日はいい天気

なにっ!?

本当にいい天気なのか!?

バッ

ッ

ザァァァァァァァァァァ

いい天気じゃーん♪

ニホンアマガエル

カエル目
アマガエル科

鼻先が短い →

乾燥に弱いので、日中は体を小さくしてじっとしていることが多い

・・・

手足をたたんでいる

湿度が高くなると活発になり、日中でも見られる機会が増える

雨が降る前に鳴く（レインコール）

ぐわっぐわっ

今日はいい天気

その2

天気がいいから花見しようぜ！

ステキかよ！

天気がいいから歌おうぜ！

ぐわっ ぐわっ ぐわっ ぐわっ ぐわっ

もう一回！

天気がいいから虫捕りしようぜ！

くうぞーっ！

雨……だからな

虫……いないな

梅雨頃に見られる花

アジサイ

ドクダミ

アヤメ

…などなど

アマガエルの合唱

お互いに声が重ならないように鳴いたり、同時に休んだりしていることが、近年の研究でわかった

ぐわっ ぐわっ ぐわっ

レーーーん

今日はいい天気
その3

雨の日って虫はどこにいるのかな?

葉っぱの裏とかにいるらしいよ

ふーんこ

げっ!?やべっ!

ひ…ひいっ!

翅が濡れて飛べない

動かないと認識できない

いーねーなぁ

雨の日の昆虫たち

気温が低くなり、さらに濡れると飛びにくくもなるので、物陰で自粛していることが多い。

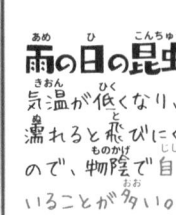

チョウ

トンボ

テントウムシ

カエルの視覚

動くものには敏感だが、動かないものはエサと認識できないようだ…

針なしルアーでも釣られてしまう

ミミズが地上に出てくるのはナゼ?

ザァァ

プリァ

くっ苦しい

息ができない

数時間後—

やばい！今度は晴れてきた

土の中に戻らないと

なんだ？この土

硬っ!?

ぐぃ

ぐぃ

硬いぞっ!?

ぐ ぐ

ミミズ

環形動物門貧毛綱

日本には100種以上ものミミズがいるとされている。ふだん身近で見るミミズのほとんどはフトミミズ科。

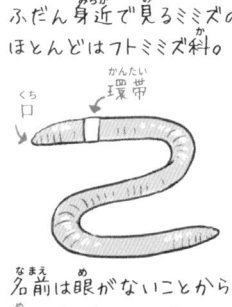

口　環帯

名前は眼がないことから眼みえず→ミミズになったといわれている。

雨が激しく降ると、地中の二酸化炭素濃度が高くなり、呼吸困難で地上に出てくると考えられている。

アジサイの看板 その1

一見花っぽいガクアジサイの装飾花にはこの周りの目立つやつ

花としての生殖機能はありません

しかし装飾花にも重要な役割があります…

やってるお店はないかな！

お

ヘイ
ラッシャイ！

マイドッ！

やってるやってる

わかりやすいなー

お店の**看板役**です

ガクアジサイ

アジサイ科アジサイ属。まん丸アジサイの原種。名前は装飾花が額縁のように見えることから。

装飾花

花びらに見えるのはガク。中央に退化した花があるが結実できない。昆虫を呼び込む効果があると考えられている。

真花

こっちが本命ともいえる内側の小さい花。雄しべと雌しべを持つ両性花で、結実できる。

※色は見やすく分けているだけです

アジサイの看板 その2

真花の花期が終わる頃、まるで店じまいと言わんばかりに、周りの装飾花も裏返しになる。

営業中 → 閉店

ちなみにガクアジサイを装飾花だけに品種改良したものが、手まり状のよく見る紫陽花。

初夏の風物詩 ゲンジボタル

コウチュウ目ホタル科

アマガエル

夜景がビューティフーな場所があるんだ

連れていってあげるZE ハニー

まぁ…楽しみ♥

どんなところかしら？

ホー

ホー

コロコロコロロ…

コロコロ…

どうだい？いい場所だろう？

わぁ…

本当にステキな場所ね♥

大きいのがたくさん…

えっ!?

ハハ

あっ…うん…

光るホタルの代表種
初夏の夜、自然豊かな小川で乱舞が見られる。

幼虫はカワニナをエサにして成長する。
カワニナはきれいな川でなければ生きられない。

ホタルブクロ

初夏の風物詩 の入れ物

キキョウ科ホタルブクロ属

ヘイ！この花！知ってるかい？

あら かわいい お花ね♥

ふふふ…いいことを教えてあげよう その虫を花の中に入れるとぉ…

最高にファンタスティックなのさ！

Fantastic!

花にホタルを入れて遊んだことからついた名前（といわれる）

へえ…それはきっと

ステキね♥

すっ…

花の内側は毛が密生しているのでホタルを入れようとするとけっこう手こずる

ヤマカガシ

有鱗目ナミヘビ科

産卵が始まると次々にオスがやってきます

オレも！

オレも！

オレも仲間にいーれーてっ

じゃあオレもー

げっ

七 後ろ足で泡立てている

ちょストップ！ストップ！

重量オーバーだから！！

…ん？

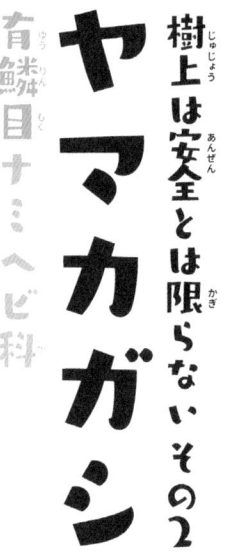

川や田んぼなどの水辺でよく見られる。カエルが大好き

あれ？軽くなったわ…

ん？お前なんでそんなところに…

？

？

毒を持つが基本的に

おとなしい

（しかも毒は入りにくい）ので人間が被害にあうことは滅多にない

タスケテクレー

産卵中は無防備のためよく襲われる

樹上は安全とは限らないその3

アカハライモリ

有尾目 イモリ科

水面の上に卵を生む→

モリアオガエルは木の上で卵からかえり

オタマジャクシの高飛び込み

しばらくすると下の水面に落ちます

押すなよ、絶対押すなよ！

わかってるわかってる♪

バカ！「フリ」じゃねーよ　押すなって！

モリアオガエルと生息環境が同じ両生類

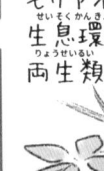

おたまじゃくし

うぁぁぁぁ

押すなー！！！！

わかってるって

ぐいぐい

おなかすいた

あーん

モリアオガエルの卵の下で待ち構えていることが多い

ミスジマイマイ

カタツムリにも名前がある

柄眼目オナジマイマイ科

カタツムリさんはいつものんびりしてるな〜

ほんとゆっくりだよね〜

むっ

↖カルシウム補給中

熱く激しく生きてるのに…!

こう見えても速く動けないだけで…

おいきみたち!

カタツムリさん観てると思うんだよ ゆっくり生きようって

つゆのはれ間

わかるわー これからの時代はスローライフだよな

「3本の筋を持つ」というのが名前の由来の普通種。

1
2
3

色帯は1本や2本のもの、全くないものもいる。

日本には約800種ものカタツムリがいる。
※「カタツムリ」はグループ名みたいなもの

なんか怒りにくいな

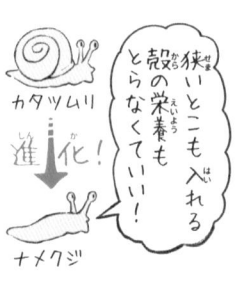

鳥にも人気のカタツムリ　その理由とは？

繁殖期の野鳥にとってカタツムリは重要なカルシウム補給源

鳥の卵殻の約95%は炭酸カルシウム

一方で飛ぶために体は軽くしておかなければならない。したがって体内に大量のカルシウムを蓄えておくことは難しい・・・なので鳥は繁殖期にはよくカルシウムを摂取する。

カタツムリの飼い方

カタツムリを手に入れよう

- 梅雨の頃が活発で見つけやすい
- 木の幹やブロック塀を探すと見つかりやすい
- ※アジサイの葉にはあまりいない

霧吹き

カタツムリは高湿度が好きなので、毎日湿らせる

フタ（通気性のよいもの）

昆虫ケースが飼いやすい

木の棒や小石

よく動き回るので入れておくとよい

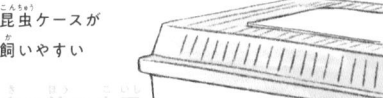

土

産卵のために入れておく（ひっくり返されないようにある程度重量のある容器で）

エサ

- キャベツなどの野菜
- 卵の殻や貝殻
  （カルシウム分補給のため）

床材

キッチンペーパーを使うとフンの掃除が楽
※保温や保湿を考えると土が理想的

キャベツ、ニンジン、リンゴなど野菜や果物はよく食べる
※種類や個体によって好みが少し異なる

繁殖の観察

雌雄同体で、二匹以上入れておけば卵を産んでくれる

卵

一度に３０〜４０個もの卵を産む

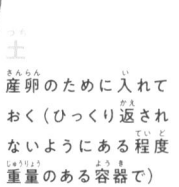

飼うときの注意点

- カタツムリは密度が高くなると、殻が成長しにくかったり、体調を崩しやすい。上のようなケースならば2〜3匹程度が目安
- 飼育下で夏眠や冬眠をさせるのは難しい。十分観察したら、梅雨が終わる頃に元いた場所に戻すとよい

カタツムリの赤ちゃん

生まれた頃から小さいながらも殻がついている

チリダニの仲間
（ヒョウヒダニ）

ダニ目チリダニ科

チリダニはどの家にでもいるダニだが

小さすぎて知覚することはほぼ不可能である

すなわち

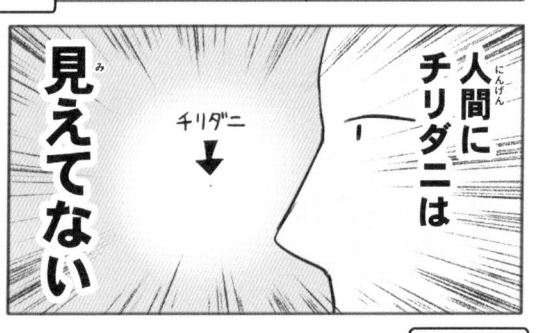

人間にチリダニは

見えてない

チリダニ→

室内で最も多いダニ。落ちた髪の毛や垢、フケ等を食べている。

チリダニ
→
体長
0.1～0.4mm

眼をこらせば見えなくもない。（市販のキットを使えば簡単に観察可能）

ちなみにダニの多くは眼がないか

あっても光を感じる程度しか感知できない

なので

もぞもぞ

チリダニにも人間は

見えてない

ムシャ
ムシャ
ウマー

かみのけ

グショ

咬んだりはしないが死骸などがアレルギーの原因になる。

見えていないっ…!

ツメダニの仲間

ダニ目ツメダニ科

名前のとおり
ツメが大きい
他のダニを食べるので
チリダニ等が増えると
本種も増える。

ウマー
ウマー
人のゴミ
→ツメダニ
→チリダニ

なお吸血性のダニは
ペットやネズミ、
生き物屋等が連れて
こなければ基本的に
家にはいない

血をよこせよ
スカ…

マダニやイエダニ

チリダニが増えると それを食べるツメダニが増えてくる

このツメダニが人間を咬むことがあるが…

やはり小さいので…

人間は何に咬まれたか

かゆー

虫かな？

ポリポリ

わからない

しかしツメダニは人の血を吸うわけではなく

間違って人間を咬んでしまうに過ぎない…

すなわち

ガブッ

ツメダニも何を咬んだのか

？

ジジ

皮フ

わからない

わからないぃぃっ！

ふとんを干しただけだとアレルゲンであるダニの死骸やフンは残ったままなので

ふとんに掃除機をかけてから取りこむと良いとされる

しかしふとん干しや掃除機がけでもダニを0にするのはほぼ不可能

どうせ外出時に衣服にもついてくる

ただいまー

おじゃましまーす

基本的にダニは多かれ少なかれ**いる**という認識で

外出できないしそうじでもするか

エサを与えないようこまめに掃除するのが重要かもしれない

かみの毛、フケ、食べカス等など

日本最小のネズミ
カヤネズミ

ネズミ目ネズミ科

ススキやカヤの草の上に巣をつくる、世界的にも珍しいネズミ。

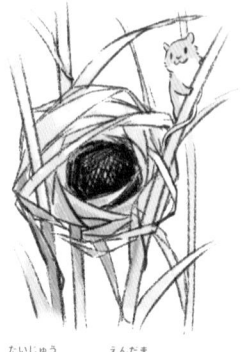

体重は500円玉（7g）ほど

もし巣を落としてしまっても元の場所の近くにそっと置いておきましょう。母親が安全な場所に連れていってくれたりします。

1コマ目

わっ!?
何それ
鳥の巣？

そっかも

草刈りで落としちゃった…

2コマ目

巣があった場所の近くに置いておくか

草でカモフラしとこ

パッ
パッ
パッ

3コマ目

親鳥戻ってくるといいけど・・・

4コマ目

大丈夫!?

にゅっ

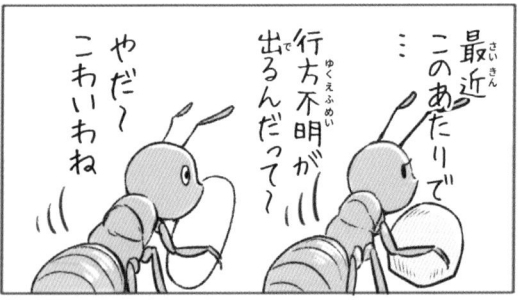

最近このあたりで
行方不明が出るんだって〜
やだ〜こわいわね

ホントよね〜
あれ？どこ行った？

ウスバカゲロウ（幼虫）

アミメカゲロウ目
ウスバカゲロウ科

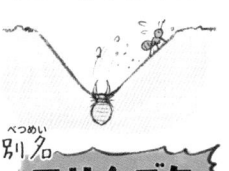

別名 **アリジゴク**

雨が当たらない軒下など、土がサラサラに乾いているところに巣をつくる

先に帰ったのかな〜

ポイ

アリたちのデストラップ

その2

おーい

おっきな
エモノが
とれたぞー

おっ
二匹
なかなかの
大物だね
ゾロ
二匹
ゾロ
これだけ
大きければ
子どもたちも
十分養えるぞ！

この虫
よく
見かけるよね

この時期

~

ウスバカゲロウ
のライフサイクル

幼虫（アリジゴク）は2〜3年
かけて成長し、まゆになる。

1齢
2齢
3齢

巣穴やとれる獲物も大きく
なる傾向がある。

↓

梅雨の頃に土団子状の
まゆをつくる。

↓

成虫は1ヶ月程度で死ぬ

ゴゴ
ゴゴ

どこから
やってくる
んだろう…

土の中に
卵を産む

58

最も身近なセミ アブラゼミ

カメムシ目セミ科

メスを呼ぶ時は**必死**に鳴く
セミのオス

（訳）嫁さん募集中！

しかし、いざ目の前にメスがやってくると…

アブラゼミは鳴き声が油ものを揚げる時の音に似ていることからついた名前といわれる
※他の説もある

ジジジ…

ジジジジ

そー…

ちょんちょん

アプローチは**謙虚**

油

基本弱腰（きほんよわごし）

ひっ

ごっ ごめんなさい

ぶるる！

NO!

メスがオスを気に入らないと翅（はね）をばたつかせたりしていやがる

※鳴（な）くのはオスだけ

げっ

…

ジ──ジジ

プロポーズしようと思（おも）ったらオスだった

なぜか別種（べっしゅ）のセミやオス同士（どうし）などで交尾（こうび）していることもある

まだ死にたくない！

ウォッ

ブブブ

最後（さいご）の悪（わる）あがき

セミ爆弾（ばくだん）

4年（ねん）も地中（ちちゅう）で待（ま）ったのに…

※セミの種類（しゅるい）や栄養（えいよう）状態（じょうたい）によって地中（ちちゅう）の期間（きかん）は異（こと）なります

成虫（せいちゅう）の寿命（じゅみょう）は一ヶ月（いっかげつ）程度（ていど）…約（やく）4割（わり）のオスは交尾（こうび）できずに死ぬという

ナンテコッタイ

セミは大（おお）きいし、うるさいし、嫌（きら）いな人（ひと）も多（おお）い。
しかしセミのことを深（ふか）く知（し）れば、少（すこ）しは恐怖（きょうふ）がやわらぐ…
……かもしれない。

世界的にも人気の動物
タヌキ
食肉目 イヌ科

雑食性で小動物や昆虫、木の実などを食べる。市街地に生息する個体はペットのエサを食べたりゴミを漁ることもある。

日本にはホンドタヌキとエゾタヌキが生息。なおタヌキのいない海外の人にはとても人気らしい。

ワンワン ワンワン

ワンワン

アライグマ

近年増加中 の 特定外来生物

食肉目アライグマ科

タヌキに似ているので
よく間違われる。

タヌキ　アライ

日本では外来種として
大きな問題になっている
・農作物被害
・在来種の捕食
・文化財の損壊
…などなど

なお名前は、水中で
エサを探すしぐさが
洗っているように
見えたことに由来す

あっまた
たぬきがいる―♪

なんか
この前のと
ちがうねー

ジャバ
ジャバ

ポチ！
しっ！！

もぐ
もぐ

どこが違う？ タヌキとアライグマ

タヌキ

オレが先に見つけたメシだ！！

アライグマ

ノオオ！！ワタシが先に見つけマシタ！！

ハーッ

フーッ

♥POTI

このよそ者が！国へ帰りな！！

アナタたちが出ていきナサーイ！！

両者は混同されがちだが、以下のような違いがある。

タヌキ

耳のフチが黒

しっぽは短い

指は5本だが足跡では4本

手足は黒い

アライグマ

※特定外来生物

顔の真ん中に黒い線

耳のフチが白

指は5本で器用

↑

一番わかりやすいのは **しっぽにシマシマ** があるか否か

ツックツク
ボーシ
ツクツク
ボーシ

キビタキ

スズメ目ヒタキ科

ツックツク
ボーシ

もう
ツクツクボウシの
時期か〜

夏も終わり
って感じだな—

このへん
かな？

ツックツク
ボックツク
ボーシ
ボーシ

低地でも見られる夏鳥
姿も声もキレイ

キリッとした眉（♂）

木のてっぺんよりも林内が好き

のどオレンジ

ふだんのさえずりは軽快で澄んだ歌声。
（ピッコロに例えられる）

時折、ツクツクボウシのような声が確認される。
「鳴き真似」なのかはまだよくわかっていない

ツフツク
ボーシ

チョット
コーイ

↑
コジュケイ鳴きも上手い

64

ガビチョウ

スズメ目チメドリ科

え？
歌ってたの君？

オッス
キビタキ
っす！
この歌
好きなんで
オッス！

あ
今度こそ
ホンモノ
かな？

ノクックシ
ボーシ

眼の周りはメガネのような白い模様
↓

中国原産の外来種

ンクックシ
ボーシ
ンクックシ
ボーシ

鳴き声はキレイだが声が
大きいのでちょっとうるさく
聞こえてしまうかも

本種も鳴きマネ鳥と
して知られている

ツクツクボウシ

カメムシ目セミ科

君たちそれ「パクリ」じゃ…

いやいや！インスパイアです！インスパイア

オマージュともいうアル

あっ今度こそホンモノっぽい

ツクツク、ボーシ

あーモズさんだったか

やっぱ声マネ上手いっすね

なんだお前タチ…

ツクツクボーシ...

鳥が怖いので黙っている

鳥もマネするメジャーな曲

TSUKU×TSUKU BO-SHI

作詞・作曲 ツクツクボウシ

ジィィィィィィィ
ジィジィオーシ

イントロ 徐々に大きく

ツクツクボーシ
ツクツクボーシ
ツクツクボーシ
※繰り返し

サビ

ヴィーヤァァ！
ヴィーヤァァ！
ヴィーヤァァ！

情熱的に 力強く

ジィィィィィィィ
ーーーー………

余韻 ぐず感じに

こどもたちの人気者 オカダンゴムシ

ワラジムシ目 オカダンゴムシ科

あっ
丸くなる
虫だ

「丸くならない」
虫じゃない？

丸くなる
→ダンゴムシ

丸くならない
→ワラジムシ

まあつついて
みればわかるさ

あれっ？
「丸まらない」
方だったかな？

そっと
しといて
あげよう

あっ
お腹に
卵抱えてる

日本で最もよく見られる
ダンゴムシだが、実は
ヨーロッパからの外来種。
落ち葉や動物の死体を
食べてくれる森の掃除屋。

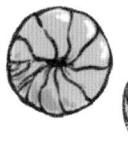

ダンゴムシと
ワラジムシの違い

ダンゴムシ

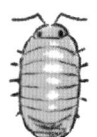

・丸まる
・動きが遅い
・厚みがある

ワラジムシ

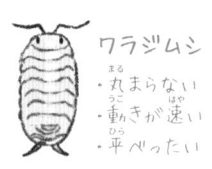

・丸まらない
・動きが速い
・平べったい

お腹に卵があると丸まりにくくなります

ダンゴムシの飼い方

ダンゴムシを手に入れよう

・落ち葉があり、じめじめした
ところを探すと見つかりやすい
・石の下や植木鉢の裏などもポイント

壁がツルツル
してれば登れない

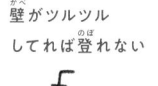

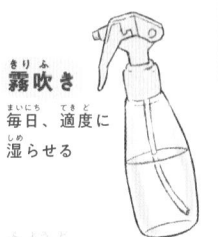

霧吹き
毎日、適度に
湿らせる

飼育容器

昆虫ケース、空き瓶、
ペットボトル、おそうざい
カップなど何でも可

腐葉土
床材でもあり、エサ
にもなる。2～3cm
ほど入れる

落ち葉や木の枝

エサになるほか、隠れ場所を
作るために入れる

自由研究にも使える!
ダンゴムシの実験

エサ

・基本的に何でも食べる。落ち葉、ニボシ、
キャベツ、ニンジン、ナスなど
・カルシウムもたまに与えるとよいとされる
(卵の殻、ペット用のサプリ等)

ダンゴムシ迷路

右に曲がったら、次は左、というふうに2度
同じ方向に曲がらないという習性を利用した
実験。交替性転向反応という

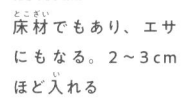

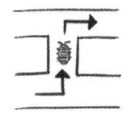
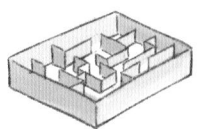

飼うときの注意点

・市販の野菜は農薬がついていることもあ
るので、洗ってから与える
・落ち葉の中でも、食べない種類があるの
で、何を食べるか様子を見る
例)クスノキの葉はほとんど食べない

落ち葉の分解実験

小学校でもよく行われる実験。入れた落ち葉
がどれくらいで分解されるのかを観察する

一週間後

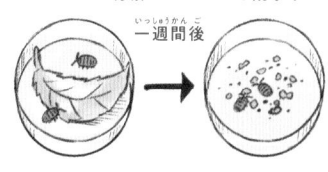

開拓精神溢れる昆虫 ウスバキトンボ

トンボ目トンボ科

春

北に分布を広げるぞー

ウスバキトンボの勢力分布図

夏

ここが本州かー！

もっと北へ！

※甲子園中継によく映ります

秋

日本全国制覇だ！

ヤッター！

※宗谷岬

冬

全滅

ヒューゥゥ〜

春に戻る

いつも飛び回っていてとまっていることが少ないので知名度が低いが、日本では最もふつうに見られるトンボの一種。

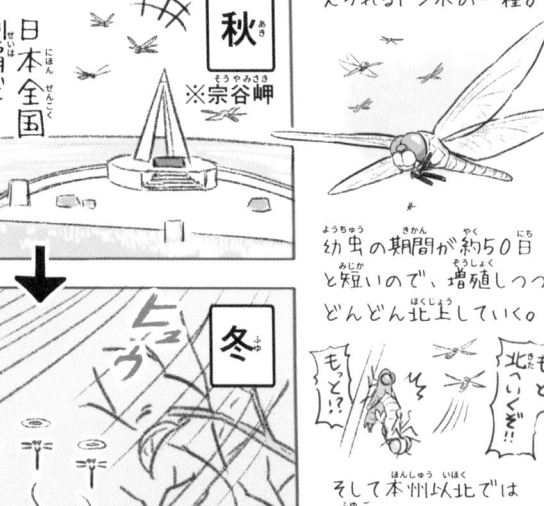

幼虫の期間が約50日と短いので、増殖しつつどんどん北上していく。

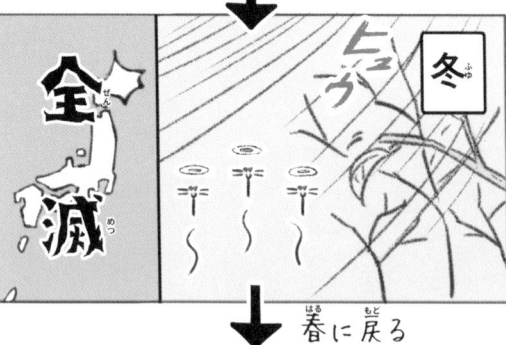

もっと北へいくぞ!!

もっと!?

もっと!

そして本州以北では冬越しできずに・・・死滅する

クロズズメバチ

動物たちにも人気のハチ

動物たちにも人気のハチ

ハチ目スズメバチ科

地下

なんだなんだ!?

であぇであぇ!!

うわっ

ブ ブ ブ ブ

!!

ラッキー

もぐもぐ

ボリ…

スズメバチの名前がつくが、非常に小さい

オオスズメバチ
約3〜4cm

クロスズメバチ
約1〜1.5cm
※worker

地中に巣があるので気づかずに刺激してしまうことが多い

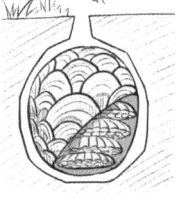

スズメバチというと強くて怖いイメージがあるが天敵も多い

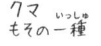

クマ
もその一種

ハチが大好きなタカ

タカ目タカ科

ハチクマ

また敵襲だー！！

せっかく巣を修理したのに！（泣）

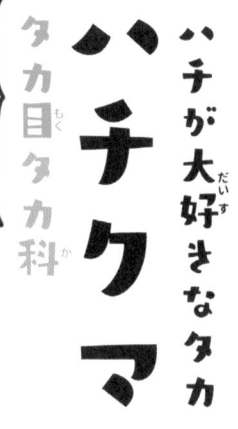

「ハチ」でも「クマ」でもないタカの仲間　日本では夏鳥

頭の羽毛がうろこ状で硬い

ハチクマ流防護服

脚のうろこも分厚い

こどもにもあげよっと

ばっさ　ばっさ

満足すれば帰っていくとは思うけど…

くそっ！もう帰ってくれえ！

ガサゴソ

ハチの巣の中の幼虫や蛹をヒナに与える。子育ての時期もハチのサイクルに合わせている

人間も食べる栄養満点のエサ

女王様が気絶した！

触るなキケン!? その1
トラフカミキリ
コウチュウ目 カミキリムシ科

トラ模様(虎斑)が名前の由来のカミキリムシ

ハチに擬態していると考えられている。

幼虫はクワを食べ育つので、クワの木の周りで見られることが多い。

え?「ハチ」？って……何?

いや別に……

ハナアブの仲間

ハエ目ハナアブ科

数日後―

「ハチ」
ちょっと
こわい…

「ホンモノ」
に手を出して
しまったか…

ガク
ガク

ブ

!!

それは
ハチじゃないぞ

タヌキ寝入り
(死んだフリ)

一部の種類はハチに
似ている

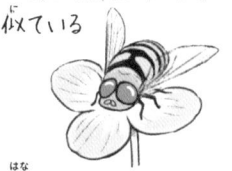

花によくいることもミツバチ
っぽく見えてしまう一因

ハチとアブ

翅など分類学的な違い
はいろいろある。
眼も比較的わかりやすい
ポイント。

ハチ   アブ
(ミツバチ)   (ナミハナアブ)

♂で
ちょっと
ちがう傾向

アブは眼が大きい傾向

74

またハチだー!!

触るなキケン!? その3
スカシバガの仲間

チョウ目スカシバガ科

翅が透明なことから透かし羽の名がついた。ハチによく似ている種がいくつかいる。

ハチだよね？ねぇ!?

いや これは「ガ」のなかまだろうな〜

コシアカスカシバ

セスジスカシバ

クビアカスカシバ

だーいじょうぶ
だって
ほらぁ!

アシナガバチ

75 葉の裏にはハチや毒毛虫がいることがあるので不用意に触らないようにしましょう

Column

あなたも騙されているかもしれない!?
～身近な生き物たちの擬態～

擬態とは、生き物たちが敵に見つからないように風景に溶け込んだり、
敵をビビらせようと危ない生き物のマネをすることです

クワエダシャク
枝に擬態するガの幼虫
（1巻にも登場）

ハナアブ
ハチに擬態

ナナフシモドキ
枝に擬態

アリグモ
アリに擬態するクモ

アゲハチョウ（若齢幼虫）
鳥のフンに擬態

ツマグロヒョウモン（♀）
毒を持つカバマダラに擬態

ヨシゴイ
ヨシに擬態

カレハガ
枯葉に擬態

渡りチャレンジ 1年生 その1

コラ！スワ郎！！

まじめに渡りしないと2年生になれないわよ！

っせえなババァ

スワ郎 ツバメ1年生

渡りィ？めんどくせ オレ留鳥するわ

モグ・モグ

？…なんか最近やたら腹が減るな…

ツバメ
スズメ目 ツバメ科

いわずと知れた夏鳥 秋には東南アジア方面へと渡る

鳥の渡りについては未だ謎が多いが、ある種の研究によると日照時間やホルモンの作用により渡りの気分が高まってくるらしい

なんだ？この胸の高鳴りは…

トゥック トゥック

なんだ？この体中にみなぎる力は…

ブゴ・ゴ・ゴ

5000km？
ハッ ムリっしょw

いくぜ！！！
南の島ア！！！

はっ！？

なぜオレは海の上に！？

※マッチョ化するわけではありません。

海！渡らずにはいられないッ！

77

渡(わた)リチャレンジ 1年生(ねんせい) その2

うぉぉぉ

うおぉぉぉ
こうなりゃ
やってやるぜ

ガンバレ～
アサギマダラ

シュアアアッ
あぁぁぁ

チゴハヤブサ

ぎゃあああああ

台風(たいふう)
あーれ

ゴォォォォ
オォォオ

ボロ…
！
やった…
ついに…

ざっくりとした

ツバメ
秋(あき)の渡(わた)りコース
詳(くわ)しい渡(わた)りのルートは解明(かいめい)されていない部分(ぶぶん)が多(おお)い。

日本(にほん)でも南(みなみ)の方(ほう)では越冬(えっとう)している個体(こたい)がいる

昔(むかし)は、ツバメは水中(すいちゅう)で冬(ふゆ)を越(こ)すとも真面目(まじめ)に考(かんが)えられていた。

ドボーン

渡りチャレンジ 1年生

その3

東南アジア

陸だー！！

おっ
1年生じゃん
よく
がんばった！
コングラッチュ
レーション！

くそっ
もう
ぜったいに…

ハァ
ハァ

ぐでーん

パチ
パチ

ぜったいに
渡りなんて
しねーぞ！！

オレは
ぜったい
ここで
留鳥する！！

ゼェ
ゼェ
ゼェ

翌年
3月

！

ししし

日本！帰らずにはいられないッ！

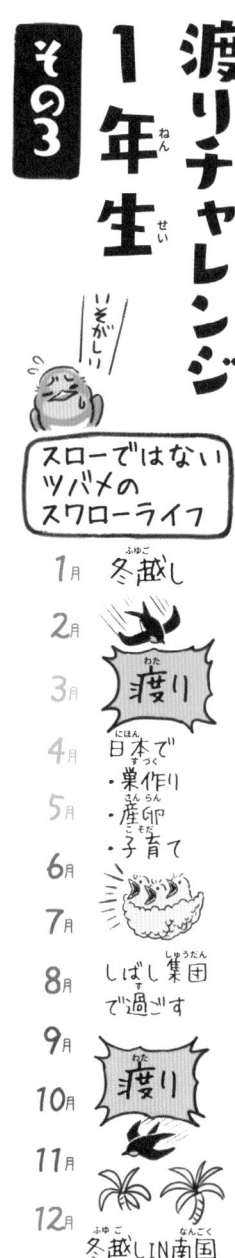

いそがしい

スローではない
ツバメの
スワローライフ

1月 冬越し
2月
3月 渡り
4月 日本で
5月 ・巣作り
6月 ・産卵
7月 ・子育て
8月 しばし集団で過ごす
9月 渡り
10月
11月
12月 冬越しIN南国

海を渡る里山の猛禽類 その1

秋
日本のとある岬

いよいよ海峡越えだわー

サシバの♀さっちゃん

サシバ

タカ目タカ科
絶滅危惧種

すごーい
いっぱい集まってる！

ピックイー

サシバの群れ

日本の里山を象徴する猛禽類。
秋にはタカ柱を形成して群れで渡っていく

上昇気流

他の鳥もタダいわねー

ピーーヨ

ヒヨドリの群れ

何で!!?

人間の群れ

有名なポイントにはバードウォッチャーもたくさん集まる

アレで
撃たれたり
しないよね…

アレ→

あ！
あの人間
知ってる！

サシバは山地にもいるが
谷前に田んぼがある環境
を特に好む。

繁殖場所

仕事
いって
きまーす

ただいまー

エサ
ゲット！

主なエサ場

主食は両生類・爬虫類・
昆虫類などの小動物

カエル

トカゲ

ヘビ

昆虫

…など

グワッ
グワッ
グワッ
グワッ
グワッ
グッグッ

ゴウン
ゴウン

！

！

パ

クッ

ニコォッ

って
嬉し
そうに
する人

何それ
こわい…

つまり日本の里山は
子育てをするサシバには
理想的な環境

日本の農地は高齢化や担い手不足などにより耕作放棄地が増えている。

耕作放棄地が増えるとサシバにとってはエサがとりにくい環境になる

田んぼ

↓

耕作放棄地

みつからない

草ぼうぼう

陸地化

いたた

ミ

ミふう

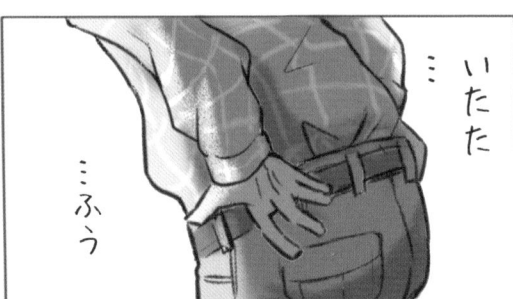

一応、それはそれで草地や低木を好む生物が増える…

サシバの好む環境は農作業効率が悪いことも多く特に耕作放棄地化しやすい

来年も米づくり

がんばるか

秋、突然の家庭内暴力

キツネ

（ホンドギツネ・キタキツネ）

食肉目イヌ科

秋は多くの動物たちにとって子別れの時期。キツネは突然子どもを追い回したり、攻撃したりする。

攻撃されて1日で親離れする個体もいれば、何回攻撃されてもなかなか離れられない個体もいる。

タヌキの交通事故

あぶな〜……
って
逃げろよ！

ライトに驚いて
固まっちゃって
いるんじゃ
ない？

タヌキは野生哺乳類で
最も事故が多い。
特に秋は子別れの時期で
移動する個体が多くなり
交通事故が多くなる。

動物注意

タヌキ寝入り

臆病ですぐに気絶して
しまう。死んだふりとも
言われるが、演技か
どうかはよくわかって
いない。

気絶した!?

コテッ

車のライトにもビックリ
して固まってしまう。

アブラコウモリ

コウモリ目ヒナコウモリ科

超大型台風接近中

ふっふっふっ
いい隠れ場所を見つけたぜ

ここなら台風でも安心だ

うわー
風強くなってきたな〜

久しぶりに雨戸しめようっと

ピシミシャ

人家周辺にひそむことからイエコウモリとも呼ばれる。

すき間発見

ゴソゴソ

雨戸のすき間や屋根裏、通気口など様々な人家のすきまに入り込む

← 鏡板がないタイプ

キクガシラコウモリ

個性的な鼻の持ち主

コウモリ目キクガシラコウモリ科

キクガシラコウモリ

ウサギコウモリ

あっ
ほかの
コウモリだ

こんにちはー

あ
ドウモ

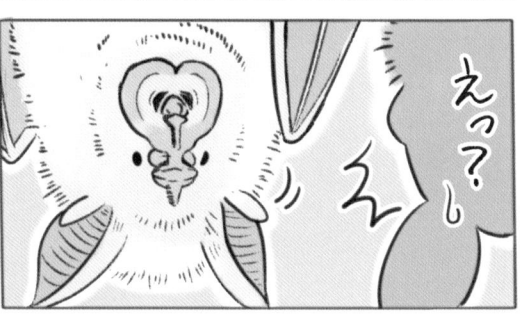

えっ?

菊の花に例えられた鼻葉が名前の由来

おお…

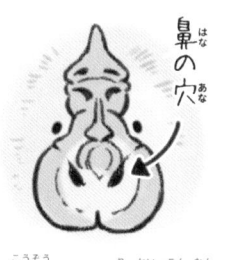

鼻の穴

構造が理解困難な不思議な鼻

変な顔

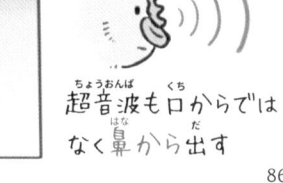

超音波も口からではなく鼻から出す

葉っぱで眠る哺乳類

コテングコウモリ

コウモリ目ヒナコウモリ科

もうすぐ夜明けだー

今日泊まる宿を探さないと…

いい枯れ葉はどこもいっぱいだなー

入ってまーす

おおっ！すっごいいい感じの葉っぱが！

大きさGood!

クシャッと感Nice!

小さくて軽いコウモリ

よく葉っぱの中で眠っている

冬はシロクマのように雪の中で冬眠する

よかったよかった

色が合ってない…

ZZZ

ZZZ

コウモリの常識を破り続ける変わりもののコウモリといえる…

沖縄(おきなわ)でふつうに見(み)られる

オリイオオコウモリ

コウモリ目(もく) オオコウモリ科(か)

ばっ
ばっさ

でけー！！
さすが沖縄(おきなわ)
カラス？
コウモリ
です

市街地(しがいち)でふつうに飛(と)んでいる

あちらにもぶら下(さ)がっているのがいますよ〜

えっ
どれ
どれ！？

超音波(ちょうおんぱ)は出(だ)さないので
眼(め)が大(おお)きく耳(みみ)は小(ちい)さい

果物(くだもの)が好(す)き

街中(まちなか)の植栽(しょくさい)にもやってくるので観光客(かんこうきゃく)は驚(おどろ)くことも。

思(おも)ってたのと
違(ちが)う

プリ

0   20cm   80cm

アブラコウモリ   オオコウモリ

でかい！！

トイレのときは自爆(じばく)しないように直立(ちょくりつ)

88

コウモリは
川辺でよく見られる

エサとなる虫が
よく発生するからの
ようだ

そのことから
「川守」→「コウモリ」
となったというのが
一つの説

ヤモリ 家守
イモリ 井守
カワモリ 川守

3 ガーディアンズ
(うち2種は特に何も守ってはいない)

※「川堀り」「蚊屠り」
など諸説あります

なお漢字（中国語）

蝙蝠

は「蝠」と「福」が同音
ということで中国では
縁起ものとなってます

ヨーロッパでは
ちょっと怖い
イメージ

HALLOWEEN

様々な場面で
デザインに使われる
縁起モノ

おまけ コウモリと超音波のコト

コウモリが使う**超音波**とは

ようするに聞こえないほど周波数が超高い音

エサ

障害物

でも動物によっては聞き取れる種類もいます（ネコとか）

バット（超音波）

アブラコウモリ

キャット

聞こえるんかい!?

ネコ

イヌ

?

ちょっと待て本気出す

年をとると高音は聞こえないらしいっすね

何も聞こえないけど？

チッ チチッ

周波数が低めのコウモリ語は人にも聞こえます

（オヒキコウモリやヤマコウモリなど）

作者

個人差があります

90

最近は少なくなった ミノムシ

チョウ目ミノガ科

何だコレー！
食えるのかー？
変なのー！
？

昔の人が着ていた蓑に似ていることからついた名前。成虫になるとオスはミノから出ていく。

次の日

あれ？
…ちょっと大きくなってね？
ブゴブゴ

オオミノガ
巣材は葉っぱの割合が多い。

チャミノガ
巣材は小枝の割合が多い。ちょっと斜めって枝につく。

幼虫
コンチハ
食事の時などには出てくる。

やっぱり中に何かいるのか！？
？？？

次の日

…なんか動いてる？
ゴゴゴゴブ

死を連想させる花 ヒガンバナ

ヒガンバナ科ヒガンバナ属

彼岸花（ひがんばな）

お墓にあったりと怖いイメージを持たれがちですが…

実はヒガンバナはアルカロイド系の毒を多く持っており

昔からモグラやネズミ除けに植えられてきました

つまり彼岸花は大切な仏様を守ってくれる有り難い花なのです

え？土に埋められてるの見たことないけど昔はあったらしいよ

今は土葬はほとんど行われていません

お彼岸の頃に咲くことや毒性が強く、食べると彼岸（死）という意味からついた名前といわれる。

彼岸

四縁河川 三途の川

此岸

農地の周りにもよく植えられている。

モグラ除けとしてはあまり効果がないといわれる。

しかしヒガンバナが雑草の生育を阻害するという研究報告もある。

屋根裏の居候

ハクビシン

食肉目 ジャコウネコ科

最近…
天井裏から
変な音が
するわね

寒くなって
きたからな
小動物でも
入ってきたか

外来種と考えられているが
確かではない。都市部に
も生息し、屋根裏に入りこむ
ことがある。

顔の中心に
白い線（白鼻芯）

長い尾

こわいわ…
たしかめて
くれない？

ふん
どうせ
ちっこい
ネズミじゃろ

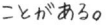

木登りが得意で、
電線を渡ることもある。

一日一種

カタ
カタ

秋の終わりと鈴の音 その1

スズムシ

バッタ目コオロギ科

秋に鳴く虫のなかでも代表的な種。

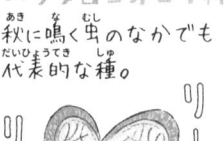

鈴の音のように鳴くことから鈴虫（スズムシ）の名前がついた。

翅をたたんでいるときは地味で目立たない昆虫。

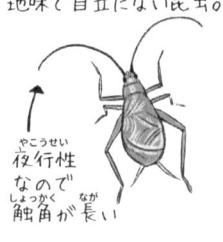

夜行性なので触角が長い

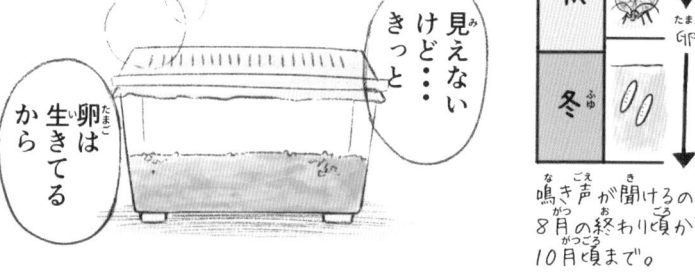

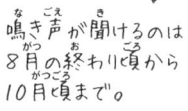

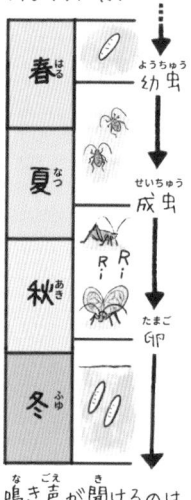

Column

スズムシの飼い方

スズムシを手に入れよう

・野外ではすき間に潜んでいることが多く、つかまえるのは難しい
・夏の終わり頃には、ホームセンターで売っていることも多い

・トラップを使ったり、日中に隠れ場所（枯れ木など）を置いておくという方法もある

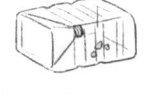

隠れ場所

木の枝や植木鉢のかけら等を置く。羽化のときの足場にもなる

土

5cm ほどの深さまで入れる。日光で干したものを使う

エサ

・きゅうり、なす、煮干し、鰹節など。市販のスズムシのエサもある
・動物質のエサが不足すると共食いすることがあるので注意

観察してみよう

翅の形をハートにして鳴いている姿は子どもにも人気

左の翅
ヤスリ器

右の翅
コスリ器

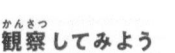

霧吹き

エサにかからないようにかける

卵の冬越し

乾燥しないようにフタとケースの間に新聞紙やサランラップをはさみ、ときどき霧吹きをしてやる

飼うときの注意点

・スズムシはカビに弱いので、エサは竹串に挿して置く
・スズムシは体が細く、つかもうとするとつぶしてしまうこともあるので注意

冬　Winter

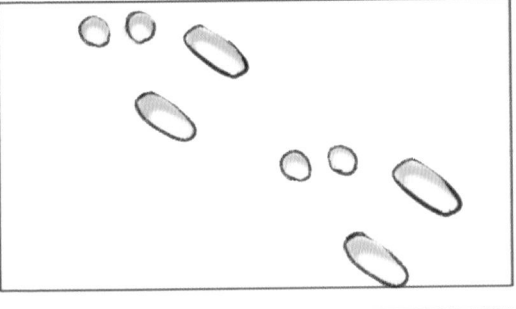

冬のアニマルトラッキング

その1

コレ変な足跡だよね

何の動物の足跡だろうねー?

あっ
ウサギさん

ニホンノウサギ

ウサギ目ウサギ科

臆病で夜行性のため姿を見ることは少ないが足跡は比較的よく見れる

夏毛

冬は白くなる個体もいる

そっちが進行方向だったんだ…

後ろ足が前につくんだね…

足跡

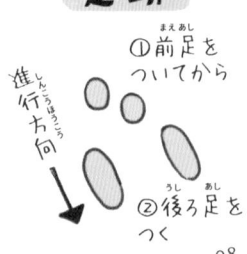

①前足をついてから

進行方向

②後ろ足をつく

98

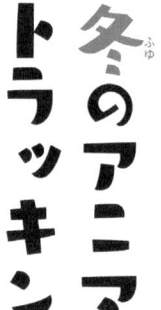

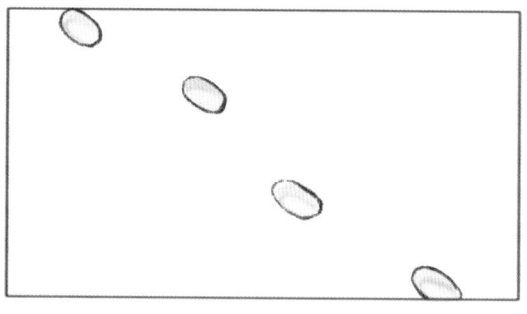

キツネ
食肉目イヌ科

耳の後ろは黒い

脚の先は黒い傾向

足跡

【ハンター歩き】
前足と後ろ足を重ねる

進行方向

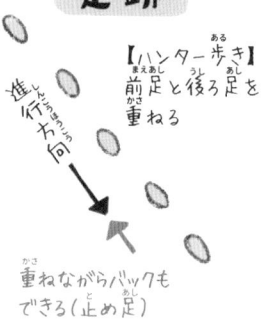

重ねながらバックもできる（止め足）

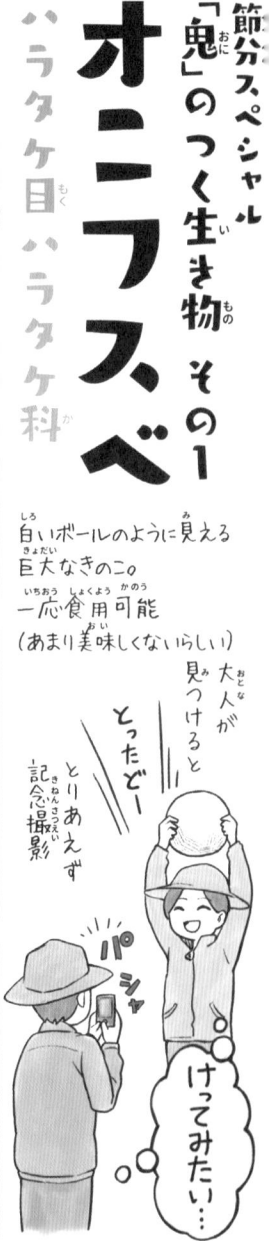

節分スペシャル 「鬼」のつく生き物 その1

オニフスベ

ハラタケ目 ハラタケ科

白いボールのように見える巨大なきのこ。
一応食用可能
(あまり美味しくないらしい)

大人が見つけると
とったどー
とりあえず記念撮影

パシャ

けってみたい…

街中の公園や庭先でも発生することがある

大きいものでは50cmぐらいにもなる

デカイ…

鬼のようにでかいキノコである

この「ボール」のような見た目の・宿命か

子どもに見つかるととりあえず…

蹴られる

ぴゅ

ゴ

オニダルマオコゼ

カサゴ目フサカサゴ科

オニダルマオコゼ

その貫禄ある形相はまさに「鬼」

ゴ ゴ ゴ ゴ ゴ

南方の海に生息する魚類。浅瀬でも見られることがあるので、踏まないように注意したい。

なぜなら背びれのトゲに

猛毒がある。

ふだんは海底の風景に溶けこみ

体表に藻が生えるほど動かざることマウンテン

……

砂にもぐっている

その擬態はあまりにも、見事なため

浅瀬では人間にさえ気づかれずに

ピーポーピーポー

し…死ぬかと思った…
相手がな

まさに生きる地雷。トゲは硬く、ビーチサンダル程度では安心できない…

踏まれる

ドムッ

鬼野芥子 オニノゲシ

ふつうのノゲシ同様（どうよう）道端（みちばた）で見（み）られるが硬（かた）くて鋭（するど）いトゲを持（も）つ外来種（がいらいしゅ）だからといって抜（ぬ）き取（と）ろうとすると痛（いた）い目（め）にあうことがある

鬼海星 オニヒトデ

全身（ぜんしん）に毒（どく）トゲがあり、刺（さ）されると大（おお）きく腫（は）れて痛（いた）い近年（きんねん）、大発生（だいはっせい）してサンゴ礁（しょう）を食（く）い荒（あ）らすことで問題（もんだい）になっている

鬼胡桃 オニグルミ

食（た）べるとうまい

オニグルミは動物（どうぶつ）にも人気（にんき）！　キキ　カヤネズミ　キキ　ニホンリス

102

2月

冬眠からの〜

目覚め!!

季節はまだ冬!

水辺に天敵はナッシング!!

冬水田

ウェーイ　ワァー

いざ産卵

GO!!

無尾目アカガエル科
ニホンアカガエルは低地、ヤマアカガエルは山地で見られる傾向がある。

ヤマアカガエル

ニホンアカガエル

どちらも冬〜早春の田んぼや浅い水たまりに球状の卵のうを産む

ヤマアカ　ニチアカ
背側線がわかりやすい違い

103

まあ今日はお日さんが出てるから……

一日待てば氷も溶けるさ!

オハヨウ!

そうね じゃあ産卵は今夜にしましょう

溶けてきたわ

ポカ ポカ

日中

産め産めー

今だー

夜

カーティン コーテーン

翌朝

卵はゼリー状の物質で包まれている。雨の後が見つけやすい。

とぅるん とぅるん とぅるん

早春(2~3月頃)に産卵するその他の両生類たち

ブリッ さる両生類は早起きだぜ!!

ヒキガエル サンショウウオ

春まで眠るアマガエル

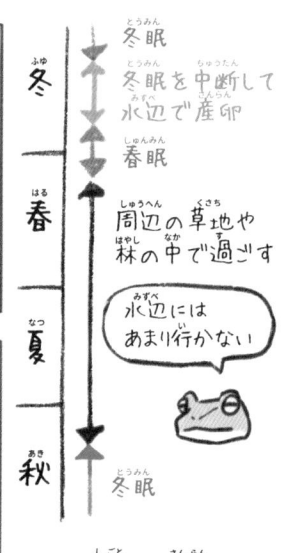

うーん…
一応
下のほうは
無事みたい

子どもたちよ
強く
生きてくれ

じ…

凍
生

うーん

じゃあ
仕事も終わった
ことだし……

春まで
どうする？

…………

寒いし…

エサないし…

ク

●●●●●●● ○

二度寝

アカガエルの産卵 その3

早起きするカエル

まだ寒い冬の時期に
他のカエルよりいち早く
早起きして産卵するが…

冬眠

冬 — 冬眠を中断して水辺で産卵

春眠

春 — 周辺の草地や林の中で過ごす

水辺には
あまり行かない

夏

秋 — 冬眠

ひと仕事（産卵）
終えるとまた眠る

105

ウミネコ

チドリ目(もく)カモメ科(か)

鳴(な)き声(ごえ)がネコに似(に)ている
という理由(りゆう)でついた名前(なまえ)。
しかし正直(しょうじき)なところ、
あまり似(に)ていない

そういえばこの四(よ)つ足(あし)の...
我々(われわれ)と同(おな)じような言語(げんご)を使(つか)うらしいな...

ミャア
ミャア
ちょっと何(なに)言(い)ってるか
わかんにゃい

言葉(ことば)が通(つう)じるのでは!?
ニャアニャア
訳(やく) 半分(はんぶん)！半分(はんぶん)でどうだ！

身近(みぢか)なカモメ科(か)の鳥(とり)た〜

ウミネコ　セグロカモ

カモメ　ユリカモメ

で

...etc, et

種名(しゅめい)「カモメ」もいる(ややこしい)

ミャア...

やっと暖かくなってきたねー

あっ

ポカポカ

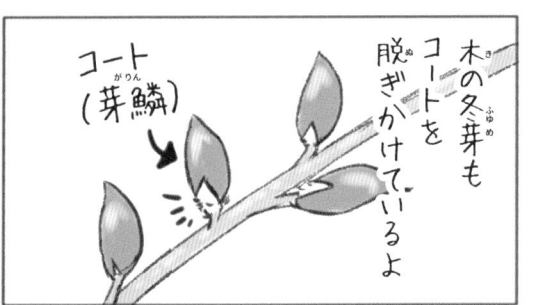

木の冬芽もコートを脱ぎかけているよ

コート（芽鱗）

数日後ー

もっふ〜〜ん

脱いだ後の方が…

あったかそう！？

ネコのしっぽに似ている？
ネコヤナギ
ヤナギ科ヤナギ属

野外のほか、庭木でもよく見られる。
ねこのしっぽに見立てて名前がつけられた

モフみを求めて人間によく触られる

わ

夏はあまり見向きされない

ネコ亜素　ゼロ

Column

2月22日はネコの日（1987年制定）
ネコの名前がつく日本の生き物

動物の名前がつく動植物は多いですが、ネコの名前がつく種もかなりあります。
それほどネコは、昔から身近な動物だったのでしょう。
季節とは関係ありませんが、一部を紹介したいと思います。

ネコザメ

サメなのにお顔が猫のようにまんまる。
瞳孔も猫っぽい。
正面顔はカエルにも見えます

ネコノシタ

猫の舌のように葉っぱがざらざら。
猫飼いの方であれば、共感できるか
もしれません

ネコノメソウ

実が猫の目のように見えることからつい
た名前。おわかりいただけただろうか

ネコノチチ

果実が猫のティ首に似ているという
ことからついたという名前。猫飼い
の方であれば…（以下略）

冬に咲く花 ヤブツバキと野鳥たち その1

ツバキの蜜おいしいね〜 ね〜♪

…き…こえま…すか… ……きこえますか…？

！

？

…花粉…を…運ぶのです …向こうの木に…花粉を運ぶのです

…

ピヨーヨ ピヨーヨ ピヨーヨ

びゃっびゃっ

ツバキの蜜おいしいね〜 ね〜♪ すっ

無視すんな!!

ヤブツバキ
ツバキ科ツバキ属
他の花や昆虫が少ない
冬〜早春に咲く

メジロ
花の蜜が好き
ヒヨドリにこわい

ヒヨドリ
(少々)
気性が荒い

冬に咲く花 ヤブツバキと野鳥たち その2

あいつらがら悪くって怖いんすよ

やつらが花粉運んでくれるじゃないすか

はいそれは感謝してるのですが…

ヒヨドリさんありがとう

おかげで受粉ができ…

なーんか食いたりねぇなぁ〜…

ツバキは虫が少ない冬に咲くが、メジロやヒヨドリなどの鳥も

ポリネーター
（花粉送粉者）として花粉を運んでくれる

花粉でよく黄色くなっているクチバシ

ヒヨドリはときどき花も食べちゃう

Oh! Wild!

ムシャア ムシャア

せっかく受粉したのに…

水鳥たちの逆立ち採餌

あっ
白鳥さんが
逆立ちしてる

このへんに
水草が
あるのかな

私たちも
ここで逆立ち
しましょう

パク
パク

潜水ができない淡水ガモ
などの水鳥は、逆立ちを
して、水中の水草を採って
いる。

通称…
タケノコ

ハクチョウ類

ガン類

カモ類

Column

身近な池に生えるたけのこ図鑑

冬はカモ類などの水鳥がたくさんやってくるので、公園の池はにぎやかになる。
水鳥は特別な道具がなくても観察できるので、バードウォッチングにはオススメだ。
冬の公園の池でいろんなカモ類のたけのこを探してみよう。

オナガガモ

首が長い
大型のカモ

♂の嘴の上面は
黒い

♂は尾が長い

カルガモ

一年中見られる
留鳥のカモ

雌雄ほぼ同色

♂は上下尾筒が
黒っぽい

コガモ

他のカモ類より
一回り小さい

時々チラッと見える緑の
翼鏡が美しい

♂の下尾筒には
クリーム色の斑

マガモ

♂の頭部は
緑～青紫色

♂にはカールし
た羽毛がある

街にひそむ少し迷惑なお客さん

緊急事態宣言によりしばらく休業します

山と定食

なんでどの店もやってないんだよ！こちとら腹が減って死にそうだよ！

ゴミ捨て場

プンスコ　プンスコ　プンスコ

ゴミが食えないじゃないか！なにをやっとるんだ人間は！

クマネズミ

ネズミ目ネズミ科

ドブネズミより一回り小さく、木登りが得意なネズミ。近年、ビルの高層化などにより、ドブネズミより勢力を拡大している。

手足の裏

ヒダが多く壁を登りやすい

人間が出すゴミ等をよく食べている。コロナ関係で飲食店が休業中、街でネズミが目立ったと世界中で報道された。

ネズミ大量出没

飲食店休業でエサ不足か!?

113

113

渓流にすむカエル
ナガレタゴガエル
無尾目 アカガエル科

カエルの仲間はオスに抱接されてしまったときにリリースコールという声を出して間違いを知らせることができます

キャッチ❤
リリースほなれろ♪

まちガエル

今度はリリースコールがない…ということはメスだな！

だきっ

うおっ！？
ははは☆このじゃじゃ馬め〜❤

はっはっはっ

ビチ
ビチ

渓流に特化したカエル。後ろ足の水かきが発達している。

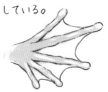

同所にはヤマメやアマゴも生息している。
カエルの仲間は別種の動物に抱接してしまうことがある。

ザ・渓流

冬は見つけやすい カマキリの卵囊

カマキリ目カマキリ科

は～
お腹すいた…
冬は
食べるものが
ない…

あっ
あれは!?

虫の
たまごだぁ!!

ヒャッホウ!!

おいし
かったよ
ソレ

空っ

オオカマキリ

全体的に丸くて大きい。
ススキや木の枝に多い。

ハラビロカマキリ

ラグビーボール形。
木の幹や人工物の壁
などにつく。

チョウセンカマキリ

縦に細長いスジが2本。
木の枝や草の茎などに
つく。

冬は花が見られなくてさびしいね！

このあたりに満開の花があるらしいぜ

冬に咲く氷の華
シモバシラ
シソ科シモバシラ属

こんな寒い時期に？

むしろ寒い方がよく咲くらしいぞ

冬、雨が降った後の気温が低い朝によく見られる毛細管現象が名前の由来。

水分

し・・・ん

別名 氷の華

※地表がザクザクに凍る「霜柱」とは別物。

本当の花は夏に咲く

花なんてどこにもないじゃん

ん一・・・

シカが森を枯らす

リョウブ

冬は食べるもんが
ねえな〜

しかたねぇ
樹皮でも
食うか

ボクも
食べたい！

スマン
このあたりのは
食っちまった

まだ樹皮が
残ってる木も
あるぜ

ホント？・ジジッ

どれどれ⁉

今、全国でシカの数が急増し、樹皮を剥いで木を枯らしてしまうことが**大きな問題**になっている。

シカの数を猟などで減らし、ネットで木を保護するなどの対策がとられている。

ジャケツイバラ

ちょっと
食べにくいかも
しれないけど

Column

なぜシカが増えているのか

増えすぎて困ることもある

野生生物の問題というと、絶滅危惧種ばかりが注目されがちですが、増えすぎて問題になっている動物もいます。日本におけるその一例が「シカ」です。シカが増え続ける原因は、里山環境の変化や狩猟者の減少、天敵の絶滅などが関係していると考えられています。

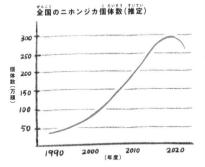

全国のニホンジカ個体数（推定）

個体数（万頭）

300
250
200
150
100
50

1990　2000　2010　2020
（年度）

何が問題か

増えすぎたシカは、森林の林床にある植物を食べ尽くしてしまいます。冬に食べるものがなければ樹皮も食べてしまい、森林ごと枯らしてしまうこともあります。また、人里に出てきて農作物を食べてしまうことも数が増えるとより深刻になります。

どうすればいいのか

各自治体では、計画的に数を減らしていくために狩猟者と連携して個体数管理等を行っています。しかし狩猟者が不足していることや、シカ肉の流通ルートが確立していないことなど、まだまだ課題は多いのが現状です。

冬越し中のキチョウ

ポカ
ポカ

はっ

なんだか暖かい…

成虫で冬を越す キタキチョウ

チョウ目シロチョウ科

年に2〜3回ほど発生し、晩秋に発生した個体は成虫で冬をこす。冬の間は木の根元や落ち葉の下でじっとしているが、暖かい日には活動していることもある。

春が来たんだな!!

イヤッホウ!!

夏型♀

…

まだ冬じゃん…
やばい…
食べるものが…

秋型♀

晩秋に発生する個体は端の黒色味が少ない。

早春に咲く花 オオイヌノフグリ

オオバコ科クワガタソウ属

春があった！

いらっしゃい 早いねぇ

やってる お店があって 良かった

そうか 急に冬が終わって

春が始まるんじゃないんだな

ちょっとずつ 冬が減って

春が増えていくんだな

まだ冬の頃から咲いている花。帰化種。草丈は低いが、早春にはライバルも少ないのでお日さまを独占できる。

本種とキチョウは早春によく見る組み合わせ

昆虫がとまると花柄が曲がり、花粉が虫につきやすくなる。

意外と身近な猛禽 オオタカ

タカ目タカ科

昔は希少種というイメージが強かったが、近年は身近な場所でも繁殖例が多く報告されている。
さらに冬になると、山地の個体も低地に降りてくるので、出会う機会が多い。

キリッとした白い眉がカッコイイ

公園などでオオタカが狩った後のハトの羽がよく散乱している。

こうして
野生生物たちは
長くて過酷な
冬を過ごし——

そして

生き残った者のみが——

春を——

迎えることが
できます

123

そして新しい命のゆりかごに

できた！
ぼくたちの
巣だ！

わー
すっごーい♪

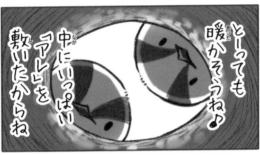

中にいっぱい
「アレ」を
敷いたからね

とーっても
暖かそうね♪

さあ
これから
子育てだ

今年も
忙しくなるぞー

エナガの巣

外装はコケとクモの糸で固め、中には鳥の羽毛をびっしり詰める。その数
およそ **2000枚**

羽毛はハト、カモ、小鳥などの、抜け落ちたものや命を落としたものから拾ってくる。

あとがき

最後までお読みいただきありがとうございます。作者の一日一種です。「変なペンネーム」、「言いにくい」、「アゴが疲れる」などとよく言われます。

さて、「わいるどらいふっ！」もおかげさまで2冊目を出すことができました。これも読者のみなさまのおかげに他なりません。本当にありがとうございます。

この本は図鑑と名前がついていますが、正直、図鑑と呼ぶにはいろいろ端折りすぎています。これは親しみやすさを優先したための省略でもあり、マンガ形式なのもそのためです。ただただ、「身近な生き物が身近に生きている」という当たり前の気づきを、多くの人に提供したいと思って、このような漫画を描き続けています。

身近な生き物のたくましさ、はかなさ、カッコ良さ、カッコ悪さ、強さ、弱さ、かしこさ、まぬけさ……などなど、いろんな生き物の「面白さ」をつめこんだつもりです。この本で興味を持ってくれた人が、本格的に図鑑などを買って生き物観察を始めてくだされば、さらに嬉しい限りです。そういう「入り口」的な立ち位置の本でありたいとも思っています。

これからも生き物に親しめるような漫画を描いていきたいと思いますので、どこかで見かけましたらまた読んでいただければ幸いです。
いつかみなさまとも、フィールドでお会いできるのを楽しみにしております。

それでは。ありがとうございました。

いち にち いっ しゅ

さくいん

わいるどらいふっ！2
身近な生きもの観察図鑑

2020年11月20日　初版第1刷発行
2024年10月25日　初版第4刷発行

著　者　一日一種

発行人　川崎深雪

発行所　株式会社 山と溪谷社
〒101-0051
東京都千代田区神田神保町1丁目105番地
https://www.yamakei.co.jp/

乱丁・落丁、及び内容に関するお問合せ先

山と溪谷社自動応答サービス　TEL.03-6744-1900
受付時間／11:00-16:00（土日、祝日を除く）
メールもご利用ください。
【乱丁・落丁】service@yamakei.co.jp
【内容】info@yamakei.co.jp

書店・取次様からのご注文先

山と溪谷社受注センター
TEL.048-458-3455　FAX.048-421-0513

書店・取次様からのご注文以外のお問合せ先

eigyo@yamakei.co.jp

印刷・製本　株式会社暁印刷

一日一種

野生生物の魅力を伝えたくて
漫画やイラストを描いている元野生動物調査員。

@Wildlife_daily

Book Design　團 夢見(imagejack)